AGENDA PLANNER DELL' OPERATORE SOCIO SANITARIO

Agende Biancaluna

Edizione   Prima edizione

Autore   Federica Colarossi

Nome d' arte: Federica Biancaluna

DATI PERSONALI

Nome

_____

Cognome

_____

Altre informazioni

_____
_____
_____
_____
_____
_____
_____
_____
_____
_____
_____
_____
_____
_____
_____
_____
_____
_____
_____
_____

CALENDARIO ANNUALE

Gennaio

1	2	3	4	5	6	7
8	9	10	11	12	13	14
15	16	17	18	19	20	21
22	23	24	25	26	27	28
29	30	31				

NOTE

Febbraio

1	2	3	4	5	6	7
8	9	10	11	12	13	14
15	16	17	18	19	20	21
22	23	24	25	26	27	28
29						

NOTE

Marzo

1	2	3	4	5	6	7
8	9	10	11	12	13	14
15	16	17	18	19	20	21
22	23	24	25	26	27	28
29	30	31				

NOTE

Aprile

1	2	3	4	5	6	7
8	9	10	11	12	13	14
15	16	17	18	19	20	21
22	23	24	25	26	27	28
29	30					

NOTE

Maggio

1	2	3	4	5	6	7
8	9	10	11	12	13	14
15	16	17	18	19	20	21
22	23	24	25	26	27	28
29	30	31				

NOTE

Giugno

1	2	3	4	5	6	7
8	9	10	11	12	13	14
15	16	17	18	19	20	21
22	23	24	25	26	27	28
29	30					

NOTE

Luglio

1	2	3	4	5	6	7
8	9	10	11	12	13	14
15	16	17	18	19	20	21
22	23	24	25	26	27	28
29	30	31				

NOTE

Agosto

1	2	3	4	5	6	7
8	9	10	11	12	13	14
15	16	17	18	19	20	21
22	23	24	25	26	27	28
29	30	31				

NOTE

Settembre

1	2	3	4	5	6	7
8	9	10	11	12	13	14
15	16	17	18	19	20	21
22	23	24	25	26	27	28
29	30					

NOTE

Ottobre

1	2	3	4	5	6	7
8	9	10	11	12	13	14
15	16	17	18	19	20	21
22	23	24	25	26	27	28
29	30	31				

NOTE

Novembre

1	2	3	4	5	6	7
8	9	10	11	12	13	14
15	16	17	18	19	20	21
22	23	24	25	26	27	28
29	30					

NOTE

Dicembre

1	2	3	4	5	6	7
8	9	10	11	12	13	14
15	16	17	18	19	20	21
22	23	24	25	26	27	28
29	30	31				

NOTE

TABELLE:
12 MESI

SPESE del mese di: _____

	€	Causale		€	Causale
1			16		
2			17		
3			18		
4			19		
5			20		
6			21		
7			22		
8			23		
9			24		
10			25		
11			26		
12			27		
13			28		
14			29		
15			30/31		
			Totale		

..._____
_____
_____
_____
_____
_____
_____
_____
_____
_____
_____
_____

MESE: _____

_____

Giorno 1		Giorno 8		Giorno 15		Giorno 22		Giorno 29	
Giorno 2		Giorno 9		Giorno 16		Giorno 23		Giorno 30	
Giorno 3		Giorno 10		Giorno 17		Giorno 24		Giorno 31	
Giorno 4		Giorno 11		Giorno 18		Giorno 25			
Giorno 5		Giorno 12		Giorno 19		Giorno 26			
Giorno 6		Giorno 13		Giorno 20		Giorno 27			
Giorno 7		Giorno 14		Giorno 21		Giorno 28			

..._____
_____
_____
_____

ALTRE INFORMAZIONI IMPORTANTI
PER QUESTO MESE

_____
_____
_____
_____
_____
_____
_____
_____
_____
_____

SPESE del mese di: _____

	€	Causale		€	Causale
1			16		
2			17		
3			18		
4			19		
5			20		
6			21		
7			22		
8			23		
9			24		
10			25		
11			26		
12			27		
13			28		
14			29		
15			30/31		
			Totale		

..._____

_____

_____

_____

_____

_____

_____

_____

_____

_____

_____

_____

_____

MESE: _____

_____

Giorno 1		Giorno 8		Giorno 15		Giorno 22		Giorno 29	
Giorno 2		Giorno 9		Giorno 16		Giorno 23		Giorno 30	
Giorno 3		Giorno 10		Giorno 17		Giorno 24		Giorno 31	
Giorno 4		Giorno 11		Giorno 18		Giorno 25			
Giorno 5		Giorno 12		Giorno 19		Giorno 26			
Giorno 6		Giorno 13		Giorno 20		Giorno 27			
Giorno 7		Giorno 14		Giorno 21		Giorno 28			

... _____
_____
_____
_____

ALTRE INFORMAZIONI IMPORTANTI
PER QUESTO MESE

_____
_____
_____
_____
_____
_____
_____
_____
_____
_____
_____

SPESE del mese di: _____

	€	Causale		€	Causale
1			16		
2			17		
3			18		
4			19		
5			20		
6			21		
7			22		
8			23		
9			24		
10			25		
11			26		
12			27		
13			28		
14			29		
15			30/31		
			Totale		

..._____
_____
_____
_____
_____
_____
_____
_____
_____
_____
_____
_____
_____

MESE: _____

_____

Giorno 1		**Giorno 8**		**Giorno 15**		**Giorno 22**		**Giorno 29**
Giorno 2		**Giorno 9**		**Giorno 16**		**Giorno 23**		**Giorno 30**
Giorno 3		**Giorno 10**		**Giorno 17**		**Giorno 24**		**Giorno 31**
Giorno 4		**Giorno 11**		**Giorno 18**		**Giorno 25**		
Giorno 5		**Giorno 12**		**Giorno 19**		**Giorno 26**		
Giorno 6		**Giorno 13**		**Giorno 20**		**Giorno 27**		
Giorno 7		**Giorno 14**		**Giorno 21**		**Giorno 28**		

..._____
_____
_____
_____

ALTRE INFORMAZIONI IMPORTANTI
PER QUESTO MESE

_____
_____
_____
_____
_____
_____
_____
_____
_____
_____
_____
_____

SPESE del mese di: _____

	€	Causale		€	Causale
1			16		
2			17		
3			18		
4			19		
5			20		
6			21		
7			22		
8			23		
9			24		
10			25		
11			26		
12			27		
13			28		
14			29		
15			30/31		
			Totale		

... _____

_____

_____

_____

_____

_____

_____

_____

_____

_____

_____

_____

MESE: _____

_____

Giorno 1		Giorno 8		Giorno 15		Giorno 22		Giorno 29
Giorno 2		Giorno 9		Giorno 16		Giorno 23		Giorno 30
Giorno 3		Giorno 10		Giorno 17		Giorno 24		Giorno 31
Giorno 4		Giorno 11		Giorno 18		Giorno 25		
Giorno 5		Giorno 12		Giorno 19		Giorno 26		
Giorno 6		Giorno 13		Giorno 20		Giorno 27		
Giorno 7		Giorno 14		Giorno 21		Giorno 28		

...
_____
_____
_____
_____

ALTRE INFORMAZIONI IMPORTANTI
PER QUESTO MESE

_____
_____
_____
_____
_____
_____
_____
_____
_____
_____
_____

SPESE del mese di: _____

	€	Causale		€	Causale
1			16		
2			17		
3			18		
4			19		
5			20		
6			21		
7			22		
8			23		
9			24		
10			25		
11			26		
12			27		
13			28		
14			29		
15			30/31		
			Totale		

...
_____
_____
_____
_____
_____
_____
_____
_____
_____
_____
_____

MESE: _____

_____

Giorno 1		Giorno 8		Giorno 15		Giorno 22		Giorno 29	
Giorno 2		Giorno 9		Giorno 16		Giorno 23		Giorno 30	
Giorno 3		Giorno 10		Giorno 17		Giorno 24		Giorno 31	
Giorno 4		Giorno 11		Giorno 18		Giorno 25			
Giorno 5		Giorno 12		Giorno 19		Giorno 26			
Giorno 6		Giorno 13		Giorno 20		Giorno 27			
Giorno 7		Giorno 14		Giorno 21		Giorno 28			

..._____

_____

_____

_____

ALTRE INFORMAZIONI IMPORTANTI
PER QUESTO MESE

_____

_____

_____

_____

_____

_____

_____

_____

_____

_____

_____

SPESE del mese di: _____

	€	Causale		€	Causale
1			16		
2			17		
3			18		
4			19		
5			20		
6			21		
7			22		
8			23		
9			24		
10			25		
11			26		
12			27		
13			28		
14			29		
15			30/31		
			Totale		

...

_____
_____
_____
_____
_____
_____
_____
_____
_____
_____
_____
_____

MESE: _____

Giorno 1		Giorno 8		Giorno 15		Giorno 22		Giorno 29	
Giorno 2		Giorno 9		Giorno 16		Giorno 23		Giorno 30	
Giorno 3		Giorno 10		Giorno 17		Giorno 24		Giorno 31	
Giorno 4		Giorno 11		Giorno 18		Giorno 25			
Giorno 5		Giorno 12		Giorno 19		Giorno 26			
Giorno 6		Giorno 13		Giorno 20		Giorno 27			
Giorno 7		Giorno 14		Giorno 21		Giorno 28			

...

ALTRE INFORMAZIONI IMPORTANTI PER QUESTO MESE

SPESE del mese di: _____

	€	Causale		€	Causale
1			16		
2			17		
3			18		
4			19		
5			20		
6			21		
7			22		
8			23		
9			24		
10			25		
11			26		
12			27		
13			28		
14			29		
15			30/31		
			Totale		

...
_____
_____
_____
_____
_____
_____
_____
_____
_____
_____
_____
_____

MESE: _____

Giorno 1		Giorno 8		Giorno 15		Giorno 22		Giorno 29	
Giorno 2		Giorno 9		Giorno 16		Giorno 23		Giorno 30	
Giorno 3		Giorno 10		Giorno 17		Giorno 24		Giorno 31	
Giorno 4		Giorno 11		Giorno 18		Giorno 25			
Giorno 5		Giorno 12		Giorno 19		Giorno 26			
Giorno 6		Giorno 13		Giorno 20		Giorno 27			
Giorno 7		Giorno 14		Giorno 21		Giorno 28			

...
_____
_____
_____
_____

ALTRE INFORMAZIONI IMPORTANTI
PER QUESTO MESE

_____
_____
_____
_____
_____
_____
_____
_____
_____
_____

SPESE del mese di: _____

	€	Causale		€	Causale
1			16		
2			17		
3			18		
4			19		
5			20		
6			21		
7			22		
8			23		
9			24		
10			25		
11			26		
12			27		
13			28		
14			29		
15			30/31		
			Totale		

...

MESE: _____

_____

Giorno 1		Giorno 8		Giorno 15		Giorno 22		Giorno 29	
Giorno 2		Giorno 9		Giorno 16		Giorno 23		Giorno 30	
Giorno 3		Giorno 10		Giorno 17		Giorno 24		Giorno 31	
Giorno 4		Giorno 11		Giorno 18		Giorno 25			
Giorno 5		Giorno 12		Giorno 19		Giorno 26			
Giorno 6		Giorno 13		Giorno 20		Giorno 27			
Giorno 7		Giorno 14		Giorno 21		Giorno 28			

... _____
_____
_____
_____

ALTRE INFORMAZIONI IMPORTANTI
PER QUESTO MESE

_____
_____
_____
_____
_____
_____
_____
_____
_____
_____
_____

SPESE del mese di: _____

	€	Causale		€	Causale
1			16		
2			17		
3			18		
4			19		
5			20		
6			21		
7			22		
8			23		
9			24		
10			25		
11			26		
12			27		
13			28		
14			29		
15			30/31		
			Totale		

...

_____
_____
_____
_____
_____
_____
_____
_____
_____
_____
_____
_____
_____
_____

MESE: _____

_____

Giorno 1		Giorno 8		Giorno 15		Giorno 22		Giorno 29	
Giorno 2		Giorno 9		Giorno 16		Giorno 23		Giorno 30	
Giorno 3		Giorno 10		Giorno 17		Giorno 24		Giorno 31	
Giorno 4		Giorno 11		Giorno 18		Giorno 25			
Giorno 5		Giorno 12		Giorno 19		Giorno 26			
Giorno 6		Giorno 13		Giorno 20		Giorno 27			
Giorno 7		Giorno 14		Giorno 21		Giorno 28			

...
_____
_____
_____
_____

ALTRE INFORMAZIONI IMPORTANTI
PER QUESTO MESE

_____
_____
_____
_____
_____
_____
_____
_____
_____
_____

SPESE del mese di: _____

	€	Causale		€	Causale
1			16		
2			17		
3			18		
4			19		
5			20		
6			21		
7			22		
8			23		
9			24		
10			25		
11			26		
12			27		
13			28		
14			29		
15			30/31		
			Totale		

...
_____
_____
_____
_____
_____
_____
_____
_____
_____
_____
_____
_____
_____

MESE: _____

_____

Giorno 1		Giorno 8		Giorno 15		Giorno 22		Giorno 29	
Giorno 2		Giorno 9		Giorno 16		Giorno 23		Giorno 30	
Giorno 3		Giorno 10		Giorno 17		Giorno 24		Giorno 31	
Giorno 4		Giorno 11		Giorno 18		Giorno 25			
Giorno 5		Giorno 12		Giorno 19		Giorno 26			
Giorno 6		Giorno 13		Giorno 20		Giorno 27			
Giorno 7		Giorno 14		Giorno 21		Giorno 28			

... _____

_____

_____

_____

ALTRE INFORMAZIONI IMPORTANTI
PER QUESTO MESE

SPESE del mese di: _____

	€	Causale		€	Causale
1			16		
2			17		
3			18		
4			19		
5			20		
6			21		
7			22		
8			23		
9			24		
10			25		
11			26		
12			27		
13			28		
14			29		
15			30/31		
			Totale		

...
_____
_____
_____
_____
_____
_____
_____
_____
_____
_____
_____
_____

MESE: _____

_____

Giorno 1		Giorno 8		Giorno 15		Giorno 22		Giorno 29
Giorno 2		Giorno 9		Giorno 16		Giorno 23		Giorno 30
Giorno 3		Giorno 10		Giorno 17		Giorno 24		Giorno 31
Giorno 4		Giorno 11		Giorno 18		Giorno 25		
Giorno 5		Giorno 12		Giorno 19		Giorno 26		
Giorno 6		Giorno 13		Giorno 20		Giorno 27		
Giorno 7		Giorno 14		Giorno 21		Giorno 28		

... _____
_____
_____
_____

ALTRE INFORMAZIONI IMPORTANTI
PER QUESTO MESE

_____
_____
_____
_____
_____
_____
_____
_____
_____
_____
_____

SPESE del mese di: _____

	€	Causale		€	Causale
1			16		
2			17		
3			18		
4			19		
5			20		
6			21		
7			22		
8			23		
9			24		
10			25		
11			26		
12			27		
13			28		
14			29		
15			30/31		
			Totale		

... _____

_____

_____

_____

_____

_____

_____

_____

_____

_____

_____

_____

_____

MESE: _____

_____

Giorno 1		Giorno 8		Giorno 15		Giorno 22		Giorno 29	
Giorno 2		Giorno 9		Giorno 16		Giorno 23		Giorno 30	
Giorno 3		Giorno 10		Giorno 17		Giorno 24		Giorno 31	
Giorno 4		Giorno 11		Giorno 18		Giorno 25			
Giorno 5		Giorno 12		Giorno 19		Giorno 26			
Giorno 6		Giorno 13		Giorno 20		Giorno 27			
Giorno 7		Giorno 14		Giorno 21		Giorno 28			

... _____
_____
_____
_____

ALTRE INFORMAZIONI IMPORTANTI
PER QUESTO MESE

_____
_____
_____
_____
_____
_____
_____
_____
_____
_____
_____

<u>NOTE</u>

100 SCHEDE UTENTE

DATA LMMGVSD ___/___/___

UTENTE: _____

Turno/orari/colleghi
_____

Trattamenti
_____
_____
_____
_____
_____
_____
_____
_____
_____

NOTE di lavoro _____
_____
_____
_____
_____
_____
_____
_____
_____
_____
_____
_____
_____
_____
_____
_____
_____
_____
_____

DATA ‎ L M M G V S D   __ / __ / __

UTENTE: _____

Turno/orari/colleghi
_____

Trattamenti
_____
_____
_____
_____
_____
_____
_____
_____

NOTE di lavoro _____
_____
_____
_____
_____
_____
_____
_____
_____
_____
_____
_____
_____
_____
_____
_____
_____
_____

DATA L M M G V S D   ___ / ___ / ___

UTENTE: _____

Turno/orari/colleghi
_____

Trattamenti
_____
_____
_____
_____
_____
_____
_____
_____
_____

NOTE di lavoro _____
_____
_____
_____
_____
_____
_____
_____
_____
_____
_____
_____
_____
_____
_____
_____
_____
_____
_____
_____

DATA | L M M G V S D | _____ / _____ / _____

UTENTE: _____

Turno/orari/colleghi
_____

Trattamenti
_____
_____
_____
_____
_____
_____
_____
_____
_____

NOTE di lavoro _____
_____
_____
_____
_____
_____
_____
_____
_____
_____
_____
_____
_____
_____
_____
_____
_____
_____

DATA L M M G V S D   ___ / ___ / ___

UTENTE: _____

Turno/orari/colleghi
_____

Trattamenti
_____
_____
_____
_____
_____
_____
_____
_____
_____

NOTE di lavoro _____
_____
_____
_____
_____
_____
_____
_____
_____
_____
_____
_____
_____
_____
_____
_____
_____
_____
_____

DATA | L M M G V S D | ___ / ___ / ___

UTENTE: _____

Turno/orari/colleghi
_____

Trattamenti
_____
_____
_____
_____
_____
_____
_____
_____
_____

NOTE di lavoro _____
_____
_____
_____
_____
_____
_____
_____
_____
_____
_____
_____
_____
_____
_____
_____
_____
_____
_____

DATA L M M G V S D   ___ / ___ / ___

UTENTE: _____

Turno/orari/colleghi
_____

Trattamenti
_____
_____
_____
_____
_____
_____
_____
_____
_____

NOTE di lavoro _____
_____
_____
_____
_____
_____
_____
_____
_____
_____
_____
_____
_____
_____
_____
_____
_____
_____
_____

DATA L M M G V S D   ___ / ___ / ___

UTENTE: _____

Turno/orari/colleghi
_____

Trattamenti
_____
_____
_____
_____
_____
_____
_____
_____
_____

NOTE di lavoro _____
_____
_____
_____
_____
_____
_____
_____
_____
_____
_____
_____
_____
_____
_____
_____
_____
_____
_____
_____

DATA L M M G V S D ___ / ___ / ___

UTENTE: _____

Turno/orari/colleghi
_____

Trattamenti
_____
_____
_____
_____
_____
_____
_____
_____
_____

NOTE di lavoro _____
_____
_____
_____
_____
_____
_____
_____
_____
_____
_____
_____
_____
_____
_____
_____
_____
_____

DATA L M M G V S D   ___ / ___ / ___

UTENTE: _____

Turno/orari/colleghi
_____

Trattamenti
_____
_____
_____
_____
_____
_____
_____
_____
_____

NOTE di lavoro
_____
_____
_____
_____
_____
_____
_____
_____
_____
_____
_____
_____
_____
_____
_____
_____
_____
_____
_____

DATA L M M G V S D   ___ / ___ / ___

UTENTE: _____

Turno/orari/colleghi
_____

Trattamenti
_____
_____
_____
_____
_____
_____
_____
_____
_____

NOTE di lavoro _____
_____
_____
_____
_____
_____
_____
_____
_____
_____
_____
_____
_____
_____
_____
_____
_____
_____

DATA L M M G V S D   _____ / _____ / _____

UTENTE: _____

Turno/orari/colleghi

_____

Trattamenti

_____
_____
_____
_____
_____
_____
_____
_____
_____
_____

NOTE di lavoro _____

_____
_____
_____
_____
_____
_____
_____
_____
_____
_____
_____
_____
_____
_____
_____
_____
_____
_____
_____

DATA L M M G V S D   ___ / ___ / ___

UTENTE: _____

<u>Turno/orari/colleghi</u>
_____

<u>Trattamenti</u>
_____
_____
_____
_____
_____
_____
_____
_____
_____

<u>NOTE di lavoro</u> _____
_____
_____
_____
_____
_____
_____
_____
_____
_____
_____
_____
_____
_____
_____
_____
_____
_____
_____
_____

DATA LMMGVSD   ___ / ___ / ___

UTENTE: _____

Turno/orari/colleghi
_____

Trattamenti
_____
_____
_____
_____
_____
_____
_____
_____
_____

NOTE di lavoro _____
_____
_____
_____
_____
_____
_____
_____
_____
_____
_____
_____
_____
_____
_____
_____
_____
_____

DATA L M M G V S D   ___/___/___

UTENTE: _____

Turno/orari/colleghi
_____

Trattamenti
_____
_____
_____
_____
_____
_____
_____
_____
_____
_____

NOTE di lavoro
_____
_____
_____
_____
_____
_____
_____
_____
_____
_____
_____
_____
_____
_____
_____
_____
_____
_____
_____
_____

DATA L M M G V S D   ___ / ___ / ___

UTENTE: _____

Turno/orari/colleghi
_____

Trattamenti
_____
_____
_____
_____
_____
_____
_____
_____
_____
_____

NOTE di lavoro _____
_____
_____
_____
_____
_____
_____
_____
_____
_____
_____
_____
_____
_____
_____
_____
_____
_____
_____
_____

DATA L M M G V S D   ___ / ___ / ___

UTENTE: _____

Turno/orari/colleghi
_____

Trattamenti
_____
_____
_____
_____
_____
_____
_____
_____
_____
_____

NOTE di lavoro _____
_____
_____
_____
_____
_____
_____
_____
_____
_____
_____
_____
_____
_____
_____
_____
_____
_____
_____

DATA LMMGVSD ___/___/___

UTENTE: _____

Turno/orari/colleghi
_____

Trattamenti
_____
_____
_____
_____
_____
_____
_____
_____
_____

NOTE di lavoro _____
_____
_____
_____
_____
_____
_____
_____
_____
_____
_____
_____
_____
_____
_____
_____
_____
_____
_____
_____

DATA | L M M G V S D | ___ / ___ / ___

UTENTE: _____

Turno/orari/colleghi
_____

Trattamenti
_____
_____
_____
_____
_____
_____
_____
_____
_____

NOTE di lavoro
_____
_____
_____
_____
_____
_____
_____
_____
_____
_____
_____
_____
_____
_____
_____
_____
_____
_____
_____

DATA L M M G V S D ___ / ___ / ___

UTENTE: _____

Turno/orari/colleghi
_____

Trattamenti
_____
_____
_____
_____
_____
_____
_____
_____
_____

NOTE di lavoro _____
_____
_____
_____
_____
_____
_____
_____
_____
_____
_____
_____
_____
_____
_____
_____
_____
_____
_____

DATA L M M G V S D   ___ / ___ / ___

UTENTE: _____

Turno/orari/colleghi

_____

Trattamenti

_____
_____
_____
_____
_____
_____
_____
_____
_____

NOTE di lavoro _____

_____
_____
_____
_____
_____
_____
_____
_____
_____
_____
_____
_____
_____
_____
_____
_____
_____

DATA L M M G V S D   ___ / ___ / ___

UTENTE: _____

Turno/orari/colleghi
_____

Trattamenti
_____
_____
_____
_____
_____
_____
_____
_____
_____

NOTE di lavoro _____
_____
_____
_____
_____
_____
_____
_____
_____
_____
_____
_____
_____
_____
_____
_____
_____
_____
_____

DATA L M M G V S D   ___ / ___ / ___

UTENTE: _____

Turno/orari/colleghi
_____

Trattamenti
_____
_____
_____
_____
_____
_____
_____
_____
_____
_____

NOTE di lavoro _____
_____
_____
_____
_____
_____
_____
_____
_____
_____
_____
_____
_____
_____
_____
_____
_____
_____
_____

DATA L M M G V S D   ___ / ___ / ___

UTENTE: _____

<u>Turno/orari/colleghi</u>
_____

<u>Trattamenti</u>
_____
_____
_____
_____
_____
_____
_____
_____
_____

<u>NOTE di lavoro</u>_____
_____
_____
_____
_____
_____
_____
_____
_____
_____
_____
_____
_____
_____
_____
_____
_____
_____
_____
_____

DATA L M M G V S D _____ / _____ / _____

UTENTE: _____

Turno/orari/colleghi
_____

Trattamenti
_____
_____
_____
_____
_____
_____
_____
_____
_____

NOTE di lavoro _____
_____
_____
_____
_____
_____
_____
_____
_____
_____
_____
_____
_____
_____
_____
_____
_____
_____
_____

DATA L M M G V S D   ___ / ___ / ___

UTENTE: _____

Turno/orari/colleghi
_____

Trattamenti
_____
_____
_____
_____
_____
_____
_____
_____
_____

NOTE di lavoro _____
_____
_____
_____
_____
_____
_____
_____
_____
_____
_____
_____
_____
_____
_____
_____
_____
_____
_____
_____

DATA | L M M G V S D | _____ / _____ / _____

UTENTE: _____

Turno/orari/colleghi

_____

Trattamenti

_____
_____
_____
_____
_____
_____
_____
_____
_____

NOTE di lavoro _____

_____
_____
_____
_____
_____
_____
_____
_____
_____
_____
_____
_____
_____
_____
_____
_____
_____

DATA L M M G V S D   ___ / ___ / ___

UTENTE: _____

Turno/orari/colleghi
_____

Trattamenti
_____
_____
_____
_____
_____
_____
_____
_____
_____

NOTE di lavoro _____
_____
_____
_____
_____
_____
_____
_____
_____
_____
_____
_____
_____
_____
_____
_____
_____
_____

DATA L M M G V S D ___ / ___ / ___

UTENTE: _____

Turno/orari/colleghi
_____

Trattamenti
_____
_____
_____
_____
_____
_____
_____
_____
_____

NOTE di lavoro _____
_____
_____
_____
_____
_____
_____
_____
_____
_____
_____
_____
_____
_____
_____
_____
_____
_____
_____

DATA L M M G V S D   ___ / ___ / ___

UTENTE: _____

Turno/orari/colleghi
_____

Trattamenti
_____
_____
_____
_____
_____
_____
_____
_____

NOTE di lavoro _____
_____
_____
_____
_____
_____
_____
_____
_____
_____
_____
_____
_____
_____
_____
_____
_____
_____
_____

DATA L M M G V S D ___/___/___

UTENTE: _____

Turno/orari/colleghi
_____

Trattamenti
_____
_____
_____
_____
_____
_____
_____
_____

NOTE di lavoro
_____
_____
_____
_____
_____
_____
_____
_____
_____
_____
_____
_____
_____
_____
_____
_____

DATA L M M G V S D   ___ / ___ / ___

UTENTE: _____

Turno/orari/colleghi

_____

Trattamenti

_____
_____
_____
_____
_____
_____
_____
_____
_____

NOTE di lavoro _____

_____
_____
_____
_____
_____
_____
_____
_____
_____
_____
_____
_____
_____
_____
_____
_____
_____
_____
_____

DATA L M M G V S D   ___ / ___ / ___

UTENTE: _____

Turno/orari/colleghi
_____

Trattamenti
_____
_____
_____
_____
_____
_____
_____
_____
_____

NOTE di lavoro _____
_____
_____
_____
_____
_____
_____
_____
_____
_____
_____
_____
_____
_____
_____
_____
_____
_____

DATA L M M G V S D   ___/___/___

UTENTE: _____

Turno/orari/colleghi
_____

Trattamenti
_____
_____
_____
_____
_____
_____
_____
_____
_____

NOTE di lavoro
_____
_____
_____
_____
_____
_____
_____
_____
_____
_____
_____
_____
_____
_____
_____
_____
_____
_____
_____

DATA L M M G V S D   ___/___/___

UTENTE: _____

Turno/orari/colleghi
_____

Trattamenti
_____
_____
_____
_____
_____
_____
_____
_____
_____

NOTE di lavoro _____
_____
_____
_____
_____
_____
_____
_____
_____
_____
_____
_____
_____
_____
_____
_____
_____
_____
_____
_____

DATA L M M G V S D   ___ / ___ / ___

UTENTE: _____

Turno/orari/colleghi
_____

Trattamenti
_____
_____
_____
_____
_____
_____
_____
_____
_____

NOTE di lavoro _____
_____
_____
_____
_____
_____
_____
_____
_____
_____
_____
_____
_____
_____
_____
_____
_____
_____
_____

DATA L M M G V S D ___ / ___ / ___

UTENTE: _____

Turno/orari/colleghi
_____

Trattamenti
_____
_____
_____
_____
_____
_____
_____
_____
_____

NOTE di lavoro _____
_____
_____
_____
_____
_____
_____
_____
_____
_____
_____
_____
_____
_____
_____
_____
_____
_____
_____

DATA L M M G V S D   ___ / ___ / ___

UTENTE: _____

Turno/orari/colleghi

_____

Trattamenti

_____
_____
_____
_____
_____
_____
_____
_____
_____

NOTE di lavoro _____

_____
_____
_____
_____
_____
_____
_____
_____
_____
_____
_____
_____
_____
_____
_____
_____
_____
_____

DATA L M M G V S D   ___ / ___ / ___

UTENTE: _____

Turno/orari/colleghi
_____

Trattamenti
_____
_____
_____
_____
_____
_____
_____
_____
_____

NOTE di lavoro
_____
_____
_____
_____
_____
_____
_____
_____
_____
_____
_____
_____
_____
_____
_____
_____
_____
_____
_____

DATA L M M G V S D   ___ / ___ / ___

UTENTE: _____

Turno/orari/colleghi
_____

Trattamenti
_____
_____
_____
_____
_____
_____
_____
_____
_____

NOTE di lavoro _____
_____
_____
_____
_____
_____
_____
_____
_____
_____
_____
_____
_____
_____
_____
_____
_____
_____

DATA LMMGVSD _____/_____/_____

UTENTE: _____

Turno/orari/colleghi
_____

Trattamenti
_____
_____
_____
_____
_____
_____
_____
_____
_____

NOTE di lavoro _____
_____
_____
_____
_____
_____
_____
_____
_____
_____
_____
_____
_____
_____
_____
_____
_____
_____
_____
_____

DATA $\boxed{\text{L M M G V S D}}$ ___ / ___ / ___

UTENTE: _____

Turno/orari/colleghi

_____

Trattamenti

_____
_____
_____
_____
_____
_____
_____
_____
_____
_____

NOTE di lavoro _____

_____
_____
_____
_____
_____
_____
_____
_____
_____
_____
_____
_____
_____
_____
_____
_____
_____
_____
_____

DATA L M M G V S D   ___ / ___ / ___

UTENTE: _____

Turno/orari/colleghi
_____

Trattamenti
_____
_____
_____
_____
_____
_____
_____
_____
_____
_____

NOTE di lavoro _____
_____
_____
_____
_____
_____
_____
_____
_____
_____
_____
_____
_____
_____
_____
_____
_____
_____

DATA LMMGVSD   ___/___/___

UTENTE: _____

Turno/orari/colleghi
_____

Trattamenti
_____
_____
_____
_____
_____
_____
_____
_____
_____

NOTE di lavoro
_____
_____
_____
_____
_____
_____
_____
_____
_____
_____
_____
_____
_____
_____
_____
_____
_____
_____
_____

DATA L M M G V S D   ___ / ___ / ___

UTENTE: _____

Turno/orari/colleghi
_____

Trattamenti
_____
_____
_____
_____
_____
_____
_____
_____

NOTE di lavoro _____
_____
_____
_____
_____
_____
_____
_____
_____
_____
_____
_____
_____
_____
_____
_____
_____

DATA L M M G V S D _____ / ___ / _____

UTENTE: _____

Turno/orari/colleghi
_____

Trattamenti
_____
_____
_____
_____
_____
_____
_____
_____
_____

NOTE di lavoro _____
_____
_____
_____
_____
_____
_____
_____
_____
_____
_____
_____
_____
_____
_____
_____
_____
_____

DATA LMMGVSD   ___ / ___ / ___

UTENTE: _____

Turno/orari/colleghi
_____

Trattamenti
_____
_____
_____
_____
_____
_____
_____
_____
_____
_____

NOTE di lavoro _____
_____
_____
_____
_____
_____
_____
_____
_____
_____
_____
_____
_____
_____
_____
_____
_____
_____

DATA L M M G V S D   ___ / ___ / ___

UTENTE: _____

Turno/orari/colleghi
_____

Trattamenti
_____
_____
_____
_____
_____
_____
_____
_____
_____

NOTE di lavoro _____
_____
_____
_____
_____
_____
_____
_____
_____
_____
_____
_____
_____
_____
_____
_____
_____
_____
_____

DATA LMMGVSD ___ / ___ / ___

UTENTE: _____

Turno/orari/colleghi
_____

Trattamenti
_____
_____
_____
_____
_____
_____
_____
_____
_____

NOTE di lavoro _____
_____
_____
_____
_____
_____
_____
_____
_____
_____
_____
_____
_____
_____
_____
_____
_____
_____

DATA L M M G V S D   ___/___/___

UTENTE: _____

Turno/orari/colleghi

_____

Trattamenti

_____
_____
_____
_____
_____
_____
_____
_____
_____

NOTE di lavoro _____

_____
_____
_____
_____
_____
_____
_____
_____
_____
_____
_____
_____
_____
_____
_____
_____
_____
_____

DATA LMMGVSD ___ / ___ / ___

UTENTE: _____

Turno/orari/colleghi
_____

Trattamenti
_____
_____
_____
_____
_____
_____
_____
_____
_____

NOTE di lavoro _____
_____
_____
_____
_____
_____
_____
_____
_____
_____
_____
_____
_____
_____
_____
_____
_____
_____

DATA   L M M G V S D   ___/___/___

UTENTE: _____

<u>Turno/orari/colleghi</u>
_____

<u>Trattamenti</u>
_____
_____
_____
_____
_____
_____
_____
_____
_____

<u>NOTE di lavoro</u>
_____
_____
_____
_____
_____
_____
_____
_____
_____
_____
_____
_____
_____
_____
_____
_____
_____
_____
_____

DATA L M M G V S D   ___ / ___ / ___

UTENTE: _____

Turno/orari/colleghi
_____

Trattamenti
_____
_____
_____
_____
_____
_____
_____
_____
_____

NOTE di lavoro _____
_____
_____
_____
_____
_____
_____
_____
_____
_____
_____
_____
_____
_____
_____
_____
_____
_____

DATA L M M G V S D   ___ / ___ / ___

UTENTE: _____

Turno/orari/colleghi
_____

Trattamenti
_____
_____
_____
_____
_____
_____
_____
_____
_____

NOTE di lavoro _____
_____
_____
_____
_____
_____
_____
_____
_____
_____
_____
_____
_____
_____
_____
_____
_____
_____
_____
_____

DATA L M M G V S D ___/___/___

UTENTE: _____

Turno/orari/colleghi
_____

Trattamenti
_____
_____
_____
_____
_____
_____
_____
_____
_____

NOTE di lavoro _____
_____
_____
_____
_____
_____
_____
_____
_____
_____
_____
_____
_____
_____
_____
_____
_____
_____

DATA L M M G V S D

_____/_____/_____

UTENTE: _____

Turno/orari/colleghi
_____

Trattamenti
_____
_____
_____
_____
_____
_____
_____
_____
_____

NOTE di lavoro _____
_____
_____
_____
_____
_____
_____
_____
_____
_____
_____
_____
_____
_____
_____
_____
_____
_____

DATA L M M G V S D   ___ / ___ / ___

UTENTE: _____

Turno/orari/colleghi
_____

Trattamenti
_____
_____
_____
_____
_____
_____
_____
_____
_____

NOTE di lavoro _____
_____
_____
_____
_____
_____
_____
_____
_____
_____
_____
_____
_____
_____
_____
_____
_____
_____
_____

DATA LMMGVSD   ___ / ___ / ___

UTENTE: _____

Turno/orari/colleghi
_____

Trattamenti
_____
_____
_____
_____
_____
_____
_____
_____
_____

NOTE di lavoro
_____
_____
_____
_____
_____
_____
_____
_____
_____
_____
_____
_____
_____
_____
_____
_____
_____
_____

DATA LMMGVSD _____ / _____ / _____

UTENTE: _____

Turno/orari/colleghi
_____

Trattamenti
_____
_____
_____
_____
_____
_____
_____
_____
_____

NOTE di lavoro _____
_____
_____
_____
_____
_____
_____
_____
_____
_____
_____
_____
_____
_____
_____
_____
_____
_____
_____

DATA L M M G V S D   ___ / ___ / ___

UTENTE: _____

Turno/orari/colleghi
_____

Trattamenti
_____
_____
_____
_____
_____
_____
_____
_____
_____
_____

NOTE di lavoro _____
_____
_____
_____
_____
_____
_____
_____
_____
_____
_____
_____
_____
_____
_____
_____
_____
_____
_____
_____
_____

DATA L M M G V S D   ___ / ___ / ___

UTENTE: _____

Turno/orari/colleghi
_____

Trattamenti
_____
_____
_____
_____
_____
_____
_____
_____
_____

NOTE di lavoro _____
_____
_____
_____
_____
_____
_____
_____
_____
_____
_____
_____
_____
_____
_____
_____
_____
_____
_____

DATA LMMGVSD ___ / ___ / ___

UTENTE: _____

Turno/orari/colleghi
_____

Trattamenti
_____
_____
_____
_____
_____
_____
_____
_____

NOTE di lavoro _____
_____
_____
_____
_____
_____
_____
_____
_____
_____
_____
_____
_____
_____
_____
_____
_____
_____
_____

DATA L M M G V S D   ___ / ___ / ___

UTENTE: _____

Turno/orari/colleghi
_____

Trattamenti
_____
_____
_____
_____
_____
_____
_____
_____
_____
_____

NOTE di lavoro _____
_____
_____
_____
_____
_____
_____
_____
_____
_____
_____
_____
_____
_____
_____
_____
_____
_____
_____
_____

DATA | L M M G V S D | ___ / ___ / ___

UTENTE: _____

Turno/orari/colleghi
_____

Trattamenti
_____
_____
_____
_____
_____
_____
_____
_____
_____

NOTE di lavoro _____
_____
_____
_____
_____
_____
_____
_____
_____
_____
_____
_____
_____
_____
_____
_____
_____
_____

DATA L M M G V S D   ___ / ___ / ___

UTENTE: _____

Turno/orari/colleghi
_____

Trattamenti
_____
_____
_____
_____
_____
_____
_____
_____
_____

NOTE di lavoro
_____
_____
_____
_____
_____
_____
_____
_____
_____
_____
_____
_____
_____
_____
_____
_____
_____
_____
_____

DATA L M M G V S D   ___ / ___ / ___

UTENTE: _____

Turno/orari/colleghi

_____

Trattamenti

_____
_____
_____
_____
_____
_____
_____
_____
_____

NOTE di lavoro _____
_____
_____
_____
_____
_____
_____
_____
_____
_____
_____
_____
_____
_____
_____
_____
_____
_____
_____
_____

DATA L M M G V S D ___ / ___ / ___

UTENTE: _____

Turno/orari/colleghi
_____

Trattamenti
_____
_____
_____
_____
_____
_____
_____
_____
_____

NOTE di lavoro _____
_____
_____
_____
_____
_____
_____
_____
_____
_____
_____
_____
_____
_____
_____
_____
_____
_____
_____

DATA L M M G V S D   ___ / ___ / ___

UTENTE: _____

Turno/orari/colleghi
_____

Trattamenti
_____
_____
_____
_____
_____
_____
_____
_____
_____

NOTE di lavoro _____
_____
_____
_____
_____
_____
_____
_____
_____
_____
_____
_____
_____
_____
_____
_____
_____
_____
_____

DATA L M M G V S D   ___ / ___ / ___

UTENTE: _____

Turno/orari/colleghi
_____

Trattamenti
_____
_____
_____
_____
_____
_____
_____
_____
_____

NOTE di lavoro _____
_____
_____
_____
_____
_____
_____
_____
_____
_____
_____
_____
_____
_____
_____
_____
_____
_____
_____
_____
_____

DATA L M M G V S D   _____ / _____ / _____

UTENTE: _____

<u>Turno/orari/colleghi</u>
_____

<u>Trattamenti</u>
_____
_____
_____
_____
_____
_____
_____
_____
_____

<u>NOTE di lavoro</u> _____
_____
_____
_____
_____
_____
_____
_____
_____
_____
_____
_____
_____
_____
_____
_____
_____
_____
_____

DATA L M M G V S D   ___ / ___ / ___

UTENTE: _____

Turno/orari/colleghi
_____

Trattamenti
_____
_____
_____
_____
_____
_____
_____
_____
_____

NOTE di lavoro _____
_____
_____
_____
_____
_____
_____
_____
_____
_____
_____
_____
_____
_____
_____
_____
_____
_____

DATA L M M G V S D ___ / ___ / ___

UTENTE: _____

Turno/orari/colleghi
_____

Trattamenti
_____
_____
_____
_____
_____
_____
_____
_____
_____

NOTE di lavoro _____
_____
_____
_____
_____
_____
_____
_____
_____
_____
_____
_____
_____
_____
_____
_____
_____
_____

DATA L M M G V S D   ___ / ___ / ___

UTENTE: _____

<u>Turno/orari/colleghi</u>

_____

<u>Trattamenti</u>

_____
_____
_____
_____
_____
_____
_____
_____
_____
_____

<u>NOTE di lavoro</u>

_____
_____
_____
_____
_____
_____
_____
_____
_____
_____
_____
_____
_____
_____
_____
_____
_____

DATA LMMGVSD   ___/___/___

UTENTE: _____

<u>Turno/orari/colleghi</u>
_____

<u>Trattamenti</u>
_____
_____
_____
_____
_____
_____
_____
_____
_____

<u>NOTE di lavoro</u>
_____
_____
_____
_____
_____
_____
_____
_____
_____
_____
_____
_____
_____
_____
_____
_____
_____
_____

DATA L M M G V S D ___ / ___ / ___

UTENTE: _____

Turno/orari/colleghi
_____

Trattamenti
_____
_____
_____
_____
_____
_____
_____
_____
_____

NOTE di lavoro _____
_____
_____
_____
_____
_____
_____
_____
_____
_____
_____
_____
_____
_____
_____
_____
_____
_____
_____
_____
_____

DATA L M M G V S D   ___/___/___

UTENTE: _____

Turno/orari/colleghi
_____

Trattamenti
_____
_____
_____
_____
_____
_____
_____
_____
_____

NOTE di lavoro _____
_____
_____
_____
_____
_____
_____
_____
_____
_____
_____
_____
_____
_____
_____
_____
_____
_____
_____

DATA L M M G V S D   ___ / ___ / ___

UTENTE: _____

Turno/orari/colleghi
_____

Trattamenti
_____
_____
_____
_____
_____
_____
_____
_____
_____

NOTE di lavoro _____
_____
_____
_____
_____
_____
_____
_____
_____
_____
_____
_____
_____
_____
_____
_____
_____
_____
_____

DATA L M M G V S D   ___ / ___ / ___

UTENTE: _____

Turno/orari/colleghi
_____

Trattamenti
_____
_____
_____
_____
_____
_____
_____
_____
_____

NOTE di lavoro _____
_____
_____
_____
_____
_____
_____
_____
_____
_____
_____
_____
_____
_____
_____
_____
_____
_____

DATA L M M G V S D   ___ / ___ / ___

UTENTE: _____

Turno/orari/colleghi
_____

Trattamenti
_____
_____
_____
_____
_____
_____
_____
_____
_____
_____

NOTE di lavoro _____
_____
_____
_____
_____
_____
_____
_____
_____
_____
_____
_____
_____
_____
_____
_____
_____
_____
_____
_____

DATA L M M G V S D   ___ / ___ / ___

UTENTE: _____

Turno/orari/colleghi
_____

Trattamenti
_____
_____
_____
_____
_____
_____
_____
_____
_____

NOTE di lavoro _____
_____
_____
_____
_____
_____
_____
_____
_____
_____
_____
_____
_____
_____
_____
_____
_____
_____
_____

DATA LMMGVSD _____ / ___ / _____

UTENTE: _____

Turno/orari/colleghi
_____

Trattamenti
_____
_____
_____
_____
_____
_____
_____
_____
_____

NOTE di lavoro _____
_____
_____
_____
_____
_____
_____
_____
_____
_____
_____
_____
_____
_____
_____
_____
_____
_____
_____

DATA L M M G V S D   ___ / ___ / ___

UTENTE: _____

Turno/orari/colleghi
_____

Trattamenti
_____
_____
_____
_____
_____
_____
_____
_____
_____

NOTE di lavoro _____
_____
_____
_____
_____
_____
_____
_____
_____
_____
_____
_____
_____
_____
_____
_____
_____
_____
_____

DATA L M M G V S D ___ / ___ / ___

UTENTE: _____

Turno/orari/colleghi
_____

Trattamenti
_____
_____
_____
_____
_____
_____
_____
_____
_____
_____

NOTE di lavoro _____
_____
_____
_____
_____
_____
_____
_____
_____
_____
_____
_____
_____
_____
_____
_____
_____
_____
_____
_____
_____

DATA L M M G V S D   ___ / ___ / ___

UTENTE: _____

Turno/orari/colleghi
_____

Trattamenti
_____
_____
_____
_____
_____
_____
_____
_____
_____

NOTE di lavoro _____
_____
_____
_____
_____
_____
_____
_____
_____
_____
_____
_____
_____
_____
_____
_____
_____
_____
_____
_____

DATA L M M G V S D _____ / _____ / _____

UTENTE: _____

Turno/orari/colleghi
_____

Trattamenti
_____
_____
_____
_____
_____
_____
_____
_____
_____

NOTE di lavoro _____
_____
_____
_____
_____
_____
_____
_____
_____
_____
_____
_____
_____
_____
_____
_____
_____
_____
_____

DATA L M M G V S D   ___ / ___ / ___

UTENTE: _____

Turno/orari/colleghi
_____

Trattamenti
_____
_____
_____
_____
_____
_____
_____
_____
_____

NOTE di lavoro _____
_____
_____
_____
_____
_____
_____
_____
_____
_____
_____
_____
_____
_____
_____
_____
_____
_____
_____

DATA L M M G V S D   ___ / ___ / ___

UTENTE: _____

Turno/orari/colleghi
_____

Trattamenti
_____
_____
_____
_____
_____
_____
_____
_____
_____

NOTE di lavoro _____
_____
_____
_____
_____
_____
_____
_____
_____
_____
_____
_____
_____
_____
_____
_____
_____
_____

DATA LMMGVSD   ___ / ___ / ___

UTENTE: _____

Turno/orari/colleghi
_____

Trattamenti
_____
_____
_____
_____
_____
_____
_____
_____
_____

NOTE di lavoro _____
_____
_____
_____
_____
_____
_____
_____
_____
_____
_____
_____
_____
_____
_____
_____
_____
_____
_____

DATA LMMGVSD ___/___/___

UTENTE: _____

Turno/orari/colleghi
_____

Trattamenti
_____
_____
_____
_____
_____
_____
_____
_____
_____

NOTE di lavoro _____
_____
_____
_____
_____
_____
_____
_____
_____
_____
_____
_____
_____
_____
_____
_____
_____

DATA L M M G V S D ___/___/___

UTENTE: _____

Turno/orari/colleghi
_____

Trattamenti
_____
_____
_____
_____
_____
_____
_____
_____
_____

NOTE di lavoro _____
_____
_____
_____
_____
_____
_____
_____
_____
_____
_____
_____
_____
_____
_____
_____
_____
_____
_____

DATA L M M G V S D   ___ / ___ / ___

UTENTE: _____

Turno/orari/colleghi
_____

Trattamenti
_____
_____
_____
_____
_____
_____
_____
_____
_____
_____

NOTE di lavoro _____
_____
_____
_____
_____
_____
_____
_____
_____
_____
_____
_____
_____
_____
_____
_____
_____
_____
_____

DATA LMMGVSD   ___ / ___ / ___

UTENTE: _____

Turno/orari/colleghi
_____

Trattamenti
_____
_____
_____
_____
_____
_____
_____
_____
_____

NOTE di lavoro _____
_____
_____
_____
_____
_____
_____
_____
_____
_____
_____
_____
_____
_____
_____
_____
_____
_____

DATA L M M G V S D   ___/___/___

UTENTE: _____

Turno/orari/colleghi
_____

Trattamenti
_____
_____
_____
_____
_____
_____
_____
_____
_____
_____

NOTE di lavoro _____
_____
_____
_____
_____
_____
_____
_____
_____
_____
_____
_____
_____
_____
_____
_____
_____
_____
_____
_____
_____

DATA L M M G V S D   ___ / ___ / ___

UTENTE: _____

Turno/orari/colleghi
_____

Trattamenti
_____
_____
_____
_____
_____
_____
_____
_____
_____
_____

NOTE di lavoro _____
_____
_____
_____
_____
_____
_____
_____
_____
_____
_____
_____
_____
_____
_____
_____
_____
_____
_____
_____

DATA L M M G V S D   ___ / ___ / ___

UTENTE: _____

Turno/orari/colleghi
_____

Trattamenti
_____
_____
_____
_____
_____
_____
_____
_____
_____

NOTE di lavoro _____
_____
_____
_____
_____
_____
_____
_____
_____
_____
_____
_____
_____
_____
_____
_____
_____
_____
_____
_____

DATA L M M G V S D   ___ / ___ / ___

UTENTE: _____

Turno/orari/colleghi
_____

Trattamenti
_____
_____
_____
_____
_____
_____
_____
_____
_____

NOTE di lavoro _____
_____
_____
_____
_____
_____
_____
_____
_____
_____
_____
_____
_____
_____
_____
_____
_____
_____
_____

DATA L M M G V S D ___ / ___ / ___

UTENTE: _____

Turno/orari/colleghi
_____

Trattamenti
_____
_____
_____
_____
_____
_____
_____
_____
_____
_____

NOTE di lavoro _____
_____
_____
_____
_____
_____
_____
_____
_____
_____
_____
_____
_____
_____
_____
_____
_____
_____

DATA L M M G V S D   ___ / ___ / ___

UTENTE: _____

Turno/orari/colleghi
_____

Trattamenti
_____
_____
_____
_____
_____
_____
_____
_____
_____

NOTE di lavoro _____
_____
_____
_____
_____
_____
_____
_____
_____
_____
_____
_____
_____
_____
_____
_____
_____
_____
_____

DATA L M M G V S D   ___ / ___ / ___

UTENTE: _____

Turno/orari/colleghi
_____

Trattamenti
_____
_____
_____
_____
_____
_____
_____
_____
_____

NOTE di lavoro _____
_____
_____
_____
_____
_____
_____
_____
_____
_____
_____
_____
_____
_____
_____
_____
_____
_____
_____

DATA ⎯L M M G V S D⎯   ____ / ___ / ____

UTENTE: _____

<u>Turno/orari/colleghi</u>

_____

<u>Trattamenti</u>

<u>NOTE di lavoro</u>

NOTE

www.ingramcontent.com/pod-product-compliance
Lightning Source LLC
Chambersburg PA
CBHW070347220526
45467CB00001B/280